W0241654

Schirner
Verlag

In diesem Buch verwende ich die persönliche Anrede »du«, weil ich dich, liebe Leserin, lieber Leser, direkt im Herzen erreichen möchte.

Beate Seebauer

Wie geht es deinem Tier?

Krankheiten und körperliche Mängel bei Tieren erfühlen

Schirner Verlag

ISBN 978-3-8434-5059-1

Beate Seebauer:
Wie geht es deinem Tier?
Krankheiten und körperliche Mängel bei
Tieren erfühlen

Umschlag: Murat Karaçay, Schirner,
unter Verwendung von #4409442 (Ulf),
www.fotolia.com
Redaktion & Satz: Barbara Rave, Schirner
Printed by: ren medien, Filderstadt, Germany

www.schirner.com

1. Auflage März 2013

Inhalt

»Liebe bedeutet Bedingungslosigkeit, und wahre Liebe zeigt sich darin, nichts zu erwarten. Wir Tiere lieben euch Menschen bedingungslos, wir erwarten nichts, doch wir schenken euch unser ganzes Herz. Es ist uns egal, ob ihr es mit Füßen tretet oder es wie Silber und Gold in euren Händen tragt. Wir lieben euch mit jeder Faser unseres Seins!«

Safi 2013

Vorwort

Mit Tieren sprechen zu können, ist für mich das größte Geschenk, und ich hoffe, dass auch du die Tierkommunikation als Geschenk ansiehst. Vielleicht hast du ja selbst schon einmal ausprobiert, mit einem Tier zu sprechen, und dabei sogar bereits erste Erfolge erlebt. Wahrscheinlich hast du dabei häufiger, oder auch nur hin und wieder, Zweifel, ob das Sprechen mit Tieren wirklich funktioniert und ob du tatsächlich die Antworten der Tiere auf deine Fragen empfängst.

Ich kann dir versichern, solche Gedanken sind ganz normal. Jeder, der beginnt, die mentale Kommunikation mit Tieren auszuprobieren, gelangt irgendwann an einen Punkt, an dem er sich fragt: »Ist das, was ich empfange, wahrnehme oder höre, wirklich die Antwort des Tieres auf meine Frage, oder ist es nur meine Vorstellung?«

Mir ging es früher nicht anders, heute aber kann ich über solche Zweifel lachen. Meine Bedenken waren damals sogar so groß, dass ich daran dachte, alles, was ich mir zu diesem Zeitpunkt erarbeitet hatte, wieder aufzugeben. Heute weiß ich aber, dass ich diese Gedanken brauchte, um dorthin zu kommen, wo ich heute bin. Ich arbeitete weiter an mir und legte meine Bedenken irgendwann ab. Dasselbe solltest auch du tun: deine Zweifel ablegen. Dabei möchte ich dich mit diesem Büchlein unterstützen.

Ich möchte dir helfen, deine bisherigen Fähigkeiten und Erfahrungen in der Tierkommunikation weiter auszubauen, damit du noch tiefer in die wunderbare Welt der mentalen Tiergespräche eintauchen kannst. Es ist nämlich möglich, sich in den Körper eines Tieres einzufühlen. Dadurch können eventuelle Blockaden und Disharmonien im Körper des Tieres nicht nur festgestellt werden, sondern man kann sogar erkennen, wo genau ein Mangel vorliegt. Allerdings werde ich dir in diesem Buch auch

zeigen, dass es bei dieser Methode, dem sogenannten Körperscan oder auch Körperfühlen, Grenzen gibt. Wenn du herausfindest, wo diese Grenzen sind, kannst du auch erfahren, wo deine eigenen Grenzen sind. Schließlich geht es um unsere Tiere, und wir alle wünschen uns nur das Beste für sie.
Mein Leben ist ein Segen, Tiere sind ein Segen, und auch du bist gesegnet mit wunderbaren Fähigkeiten, die dein Leben und das deiner Tiere bereichern. Glaube an dich!

Ich wünsche dir von Herzen ganz viel Freude.

Deine Beate Seebauer

Was ist ein Körperscan bzw. Körperfühlen?

Für jeden Tierbesitzer ist es schrecklich, wenn es seinem Tier nicht gut geht oder er das Gefühl hat, dass mit dem Tier etwas nicht stimmt. Als liebende Tierfreunde wissen wir es meistens sehr schnell, wenn unser Liebling nicht fit ist oder kränkelt, weil wir erkennen, dass sich unser tierischer Freund nicht so verhält, wie wir es für gewöhnlich von ihm kennen. Oft sind wir uns in solchen

Fällen nicht sicher, ob es etwas Ernstes ist oder ob sich unser Tier einfach nur unwohl fühlt.
In Situationen wie diesen wäre es für jeden Tierbesitzer sehr hilfreich, wenn er sich mit seinem Tier über dessen Befinden austauschen könnte. Doch auch, wenn du vielleicht die mentale Kommunikation mit einem Tier schon versucht hast und darin sogar schon erfolgreich warst, fällt es meist sehr schwer, mit dem eigenen Tier einen Dialog zu führen, und erst recht über solch ein ernstes Thema.
Genau aus diesem Grund möchte ich in diesem Buch nicht nur aufzeigen, wie du mentale Antworten eines Tieres empfängst, sondern auch, wie du an deinem eigenen Körper Blockaden im Körper des Tieres erfühlen kannst. Nicht selten erleichtert dies nämlich die Diagnosestellung, und es gibt dir Sicherheit über die Ernsthaftigkeit der Symptome. Nicht immer versteckt sich hinter einem Unwohlsein gleich eine ernsthafte Erkrankung. Tiere haben manchmal auch nur einen kleinen Infekt, oder ihnen ist einfach übel, oder sie fühlen sich müde und schlapp. Nicht immer muss beispielsweise Antriebslosigkeit oder Lustlosigkeit gleich einen ernsten Hintergrund haben.

Um aber herauszufinden, ob deinem Tier etwas Ernsthaftes fehlt, kannst du versuchen, mithilfe deines eigenen Körpers die Symptome des Tieres an dir selbst zu erfühlen und zu spüren. Dafür ist vor allem Übung notwendig. Diese Technik ist, wie die mentale Tierkommunikation auch, ein Lernprozess, und sie muss ständig erprobt und verfeinert werden.

Menschen, die sich mit dem Fühlen an sich und dem Vertrauen auf ihre Gefühle eher schwertun, werden wahrscheinlich auch mit dem Körperscan Schwierigkeiten haben. Aber auch für diesen Fall gebe ich ein paar Tipps und Ratschläge, wie man trotzdem etwas über die Gesundheit seines Tieres erfahren kann.

Ein Körperscan dient in erster Linie dazu, Symptome zu finden und zu ermitteln, wie sich beispielsweise ein Schmerz anfühlt oder wo dieser sitzt. Dies kann dem Tierarzt oder Tierheilpraktiker die Diagnosefindung erleichtern.

Wenn du aber über kein fundiertes Fachwissen verfügst, rate ich dir dringend ab, aufgrund eines Körperscans eine eigene Diagnose anzustellen. Aus meiner Praxis weiß ich, dass ein Symptom auf viele verschiedene Krankheiten hindeuten kann, ihm also ganz unterschiedliche Ursachen zugrunde liegen können. Um einer solchen Ursa-

che auf die Spur zu kommen, müssen viele weitere Faktoren beachtet werden. Trotzdem hilft dir der Körperscan für eine erste Einschätzung der Situation, nach der du gegebenenfalls entsprechend handeln kannst.
Dennoch möchte ich an dieser Stelle ausdrücklich betonen: Ein Körperscan ersetzt NIEMALS den Besuch beim Tierarzt oder Tierheilpraktiker. Nur diese dürfen eine Diagnose stellen. Es gibt Grenzen, die es zu erkennen und einzuhalten gilt, um richtig zu handeln.

TIPP

Da die meisten Tierfreunde einen sehr innigen Kontakt mit ihren Tieren haben, kann es durchaus sein, dass die Tiere sich bei uns Menschen anstecken, wenn wir krank sind. Darum: Meide zu intensiven Kontakt mit deinem Tier, wenn du zum Beispiel eine Grippe hast. Dies wird dir bestimmt schwerfallen, aber glaube mir, es ist besser so. Ein normaler grippaler Infekt kann sich bei Tieren meist stärker auswirken als bei uns Menschen.

Wie finde ich heraus, was meinem Tier fehlt?

Um Symptome bzw. Krankheiten erfühlen zu können, ist es wichtig, Erfahrungen in der mentalen Tierkommunikation zu haben. Sonst fällt es dir wahrscheinlich schwer, den empfangenen Gefühlen zu vertrauen. Außerdem wäre es gut, wenn du dich bereits mit deinem eigenen Körper beschäftigt hast, sodass dir mögliche Blockaden und Disharmonien deines Körpers bekannt sind. Dann besteht nicht die Gefahr, dass du sie mit den Sym-

ptomen oder Schmerzen des Tieres verwechselst. Das Vertrauen in dich selbst ist beim Körperfühlen unendlich wichtig.
Bei allem, was du in der Kommunikation mit einem Tier ausprobierst, setze ich verantwortungsbewusstes Handeln im Sinne des Tieres voraus. Denn bestimmt möchtest du, wie ich auch, nur das Beste für unsere Lieblinge.
Wenn ich mich in meiner Praxis auf Wunsch eines Klienten in den Körper eines Tieres einfühle, spreche ich niemals von Krankheiten, sondern immer nur von Blockaden und Disharmonien. Ein Symptom oder eine Beschwerde kann viele dahinterliegende Ursachen haben. Blockaden sind Störfelder im Körper, und Disharmonie bedeutet, dass ein Organ nicht 100%ig leistungsfähig ist. Blockaden kannst du bereits im Energiefeld eines Tieres erfühlen, selbst wenn sie auf der körperlichen Ebene noch gar nicht vorhanden sind, insbesondere wenn es sich um Körperbereiche wie das Herz oder das Skelettsystem handelt.
Ich möchte hierzu zwei Beispiel anführen: Meine Safi ist schon seit dem Welpenalter bei körperlicher Leistung relativ schnell erschöpft. Ich machte mir natürlich Gedanken darüber und fragte sie, warum dies so sei. Leider konnte sie mir keine Erklärung dafür geben. Tiere wissen – genau wie auch wir Menschen – nicht immer,

woher eine »Schwäche« oder ein »Symptom« kommt. Ich führte daher einen Körperscan mit Safi durch und stellte an meinem eigenen Herzen eine kleine, unregelmäßige Herztätigkeit fest. Doch egal wie sehr ich mich darauf konzentrierte, ich konnte diese Unregelmäßigkeit nur sehr schwach wahrnehmen. Sie war fast nicht greifbar. Daraufhin ging ich zur Tierärztin. Sie hörte das Herz immer wieder ab und meinte dabei: »Da ist etwas, und dann doch wieder nicht!«

Verstehst du, was ich dir damit zeigen möchte? Dieses Problem an Safis Herzen war nicht wirklich greifbar und doch war es vorhanden. Es ist im Übrigen bis heute nicht richtig fassbar. Trotzdem ist dieses Gefühl im Herzen da, jedes Mal, wenn ich mich in Safis Körper einfühle.

Ich vermute mittlerweile, dass Safis Herz vielleicht irgendwann einmal eine Rolle in ihrem Leben spielen wird und dass sich in diesem eventuell einmal eine Erkrankung zeigen könnte. Vielleicht tritt aber auch niemals etwas auf. Für mich stellt das, was ich immer wieder bei Safi erfühle, einfach eine Schwachstelle dar, die ich im Auge behalte. Bei Bedarf unterstütze ich ihr Herz mit homöopathischen Mitteln. Im Moment habe ich allerdings nicht das Gefühl, dass das nötig ist.

Ein anderes Beispiel liefert die Hündin einer Klientin. Ich fühlte im unteren Rücken- bzw. Hüftbereich leichte Blockaden. Sie waren nicht sehr stark, aber trotzdem eindeutig wahrnehmbar. Die Hündin zeigte äußerlich keinerlei Beschwerden, die auf Probleme in diesen Körperregionen hindeuten könnten. Sie humpelte nicht und war auch sonst munter und fidel. Nach einigen Wochen rief mich die Klientin an und berichtete, dass sie bei ihrer Hündin eine Untersuchung hatte durchführen lassen. Dabei war herausgekommen, dass das Tier bereits eine leichte Hüftgelenksdysplasie (HD) hatte. Die leichten Blockaden, die ich zuvor erspürt hatte, obwohl keinerlei Beschwerden vorhanden gewesen waren, wurden durch diese Untersuchung also bestätigt. Die Hündin zeigt bis heute noch keine Symptome der Krankheit, doch ihre Menschen wissen, was sie zu tun haben und wie sie mit ihrem Tier umgehen müssen, damit sein beschwerdefreier Zustand so lange wie möglich anhält. Sie können also jetzt schon der Krankheit vorbeugen.
Du siehst, auch wenn äußerlich keine Probleme erkennbar sind, kannst du im Körper bereits Disharmonien und Blockaden finden. Das bedeutet also, selbst wenn du etwas fühlst, was sich hinterher zum Beispiel bei einem Tierarztbesuch noch nicht bestätigen lässt, bedeutet das

nicht, dass sich nicht später einmal genau in diesem Bereich eine Erkrankung zeigen kann. Auf der energetischen Ebene spürt man jede kleinste Veränderung. Diese muss sich (noch) nicht äußerlich bemerkbar machen, vielleicht wird sie sich sogar niemals zeigen.
Körperfühlen ist auf jeden Fall eine sehr hilfreiche Methode, die jedem Tierfreund in Bezug auf die Gesundheit seines Lieblings Sicherheit und ein beruhigendes Gefühl geben kann. Nimmt man etwas wahr, kann man dies vom Tierarzt überprüfen lassen, stellt dieser nichts fest, hat man immer noch die Möglichkeit, die entsprechende Körperstelle im Auge zu behalten.

Für uns Menschen ist es meistens sehr, sehr wichtig herauszufinden, ob unsere Tiere unter Schmerzen leiden. So ist in der Tierkommunikation eine der am häufigsten gestellten Fragen: »Hast du Schmerzen?« Gibt es irgendwelche Anzeichen, dass dein Tier Schmerzen hat, oder hat es dir dies bereits mental mitgeteilt, kannst du mithilfe eines Körperscans nicht nur herausfinden, wie stark die Schmerzen sind oder wie sich die Schmerzen anfühlen, sondern beispielsweise auch, mit welcher Intensität sie den Alltag deines Tieres beeinflussen. Gerade auch zur Diagnosestellung beim Tierarzt sind Hinweise auf die Art

und den Ort des Schmerzes sehr hilfreich. Dann ist es einfacher herauszufinden, welche Krankheit hinter dem Symptom steckt.
Wie du wahrscheinlich auch aus eigener Erfahrung weißt, gibt es verschiedene Arten von Schmerzen: dumpf, stechend, schießend, ziehend, pochend, reißend, bohrend, brennend, kolikartig, in Intervallen, drückend, krampfend, beklemmend oder manchmal auch einfach undefinierbar. Beim Körperfühlen nimmst du Schmerzen in deinem Körper in der Intensität und in der Art wahr, wie sie auch das Tier empfindet. Dadurch hast du die Möglichkeit, an dir selbst beispielsweise zu spüren, ob die Schmerzen für dein Tier unerträglich sind oder ob sie vielleicht gar nicht so schlimm sind, wie du zunächst geglaubt hast. So etwas kann für uns Tierhalter sehr beruhigend sein und durchaus auch hilfreich für den behandelnden Tierarzt oder Therapeuten – sofern er offen für deine Ausführungen ist. Sollte dies nicht der Fall sein oder bist du dir diesbezüglich unsicher, kannst du ihm dennoch deine Wahrnehmungen mitteilen.
Formuliere deinen »Verdacht« beim Tierarzt einfach so, als würdest du aufgrund von Beobachtungen auf Beschwerden in einer bestimmten Körperregion deines Tieres schließen.

So machte es beispielsweise auch eine Klientin von mir: Sie berichtete mir eines Tages, dass ihre Katze schon seit zwei Tagen nichts fressen wollte. Sie sagte mir auch, dass sie schon beim Tierarzt gewesen sei, aber auch die Gabe von Antibiotika hätte keine Verbesserung herbeigeführt. Ich fühlte mich in die Katze ein und merkte sofort einen extremen Halsschmerz, der auf eine Halsentzündung als mögliche Ursache schließen ließ. Die Klientin ging daraufhin noch einmal zum Tierarzt und fragte ihn, ob es sein könne, dass ihre Katze eine Halsentzündung habe. Dieser verneinte zuerst. Doch meine Klientin ließ nicht locker. Sie erzählte ihm, dass sie das Gefühl habe, die Katze hätte Probleme beim Schlucken. Sie erwähnte aber nicht, dass ich mich in den Körper des Tieres eingefühlt hatte. Daraufhin schaute der Tierarzt doch in den Hals der Katze, und siehe da: Der ganze Rachen war stark gerötet und angeschwollen. Daraufhin bekam sie Penizillin, und nach einem Tag fraß sie bereits wieder ganz normal.

TIPP

Es ist gut zu wissen, dass Katzen und Hunde bei Halsentzündungen meist Trockenfutter oder Fleisch fressen. Das kommt daher, dass sie die ganzen Stücke mit einem Bissen schlucken können und ihren Schluckreflex nicht mehrmals benötigen. Aufgrund der Soße, mit der Nassfutter in der Regel vermengt ist, schlecken die Tiere zunächst am Futter. Das ist bei Halsbeschwerden aber besonders anstrengend. Beim Trockenfutter schlucken sie meist schnell das komplette Futterstückchen. Sie verschmähen dann in der Regel das Nassfutter. Viele Menschen denken bei diesen Anzeichen meist gar nicht an eine Halsentzündung. Wenn dein tierischer Freund nicht fressen möchte, fühle und spüre dich am besten zuallererst in den Hals ein.

Wie baue ich eine Verbindung zu meinem Tier auf?

Bevor ich aufzeige, wie genau ein Körperscan vonstattengeht, möchte ich noch kurz darstellen, wie du mental Kontakt zu Tieren herstellen kannst. Falls du schon einmal einen Kurs zur Tierkommunikation besucht hast oder mein Buch »Sprich mit deinen Tieren« (Schirner Verlag) kennst, also schon Übung darin hast, mit Tieren zu sprechen, ist dieses Kapitel für dich eine Wiederholung.
Ich werde hier nur einen knappen Überblick zur telepa-

thischen Kommunikation mit Tieren geben, weil sie an anderer Stelle bereits ausführlich dargestellt wurde. Außerdem soll es in diesem Büchlein nun einmal vorrangig um den Körper und die Krankheiten unserer Tiere gehen. In der Regel baut man in eine Tierkommunikation mit einem fremden Tier an geeigneter Stelle einen Körperscan ein. Man fällt also nicht gleich mit der Tür ins Haus, sondern tastet sich langsam an das Problem heran und befragt das Tier zunächst einmal mental.
Sollte es dein eigenes Tier sein, in welches du dich einfühlen möchtest, kannst du den vorherigen Dialog aber auch einmal weglassen und dich nur auf seinen Körper konzentrieren, vor allen Dingen dann, wenn du akute Anzeichen bemerkst. Darum ist es für all jene, die sich noch nicht in der mentalen Kommunikation geübt haben, wichtig, diese Vorgehensweise zu beherrschen und zu verinnerlichen.
Bevor du mit einem Tier sprichst, solltest du dich reinigen, erden und schützen. Das Reinigen der Aura ist sehr wichtig, weil Tiere die menschliche Aura sehen können. Sie wissen daher ganz genau, wie du dich fühlst. Des Weiteren solltest du dich erden, damit du die Bodenhaftung nicht verlierst und deine Energien nicht dadurch verloren gehen. Schutz ist wichtig, weil zwischen dir und dem Tier

Energien hin und her fließen, wenn ihr durch die Kommunikation in das Energiefeld des anderen eindringt. Daher ist es notwendig, sich abzugrenzen. Bediene dich dazu folgender Übung:

Reinigen, Erden, Schützen

Stelle dir vor, dass du unter einem Wasserfall stehst. Bleibe so lange darunter, bis du das Gefühl hast, dass alles, was dich belastet und blockiert, aus deiner Auraschicht herausgewaschen worden ist.

Als Nächstes stelle dir vor, dass aus deinen Fußsohlen Wurzeln wachsen, die sich ganz tief in die Erde eingraben. Sie wachsen bis zum Herzen von Mutter Erde. Mit jedem Einatmen ziehst du von Mutter Erde Energie in deinen Körper. Je länger dies andauert, umso zentrierter und geerdeter fühlst du dich. Dieser Vorgang erzeugt in dir innere Ruhe und Ausgeglichenheit.

Zum Schluss der Übung stellst du dir vor, dass du dich in einem Lichtkreis befindest. Visualisiere, dass ein leuchtender Ring aus Licht dei-

nen ganzen Körper umschließt und dich vollständig einhüllt. Dein ganzer Körper ist jetzt von Licht umgeben, nur positive Energien können zu dir vordringen. Alles Negative wird transformiert in Licht und Liebe.

Das war die Vorbereitung.
Denke jetzt an das Tier, mit dem du kommunizieren möchtest. Öffne dein Herz, und visualisiere einen Regenbogen, der dein Herz mit dem des Tieres verbindet. Nun bist du so lange mit dem Tier verbunden, bis du die Verbindung ganz bewusst wieder trennst. Es ist dabei egal, ob deine Augen geschlossen oder offen sind.
Schicke jetzt über den Regenbogen diese Frage an das Tier: »Möchtest du mit mir sprechen?« Sobald du ein positives Gefühl empfängst, von einer inneren Stimme ein »Ja« vernimmst oder sonst in irgendeiner Weise die Zustimmung des Tieres erfährst, schreibe deine erste Frage an das Tier auf. Dass du die Frage aufschreibst, ist sehr wichtig, denn dann konzentrierst du dich in diesem Augenblick nur auf dein Anliegen. Dein Verstand ist kurzzeitig blockiert. Der erste Gedanke, das erste Bild oder das erste Gefühl, das in dir auftaucht, ist die Antwort des Tieres. Ich kann dir versichern, dass das, was du emp-

fängst, in der Regel nicht von deinem Verstand »produziert« worden ist, sondern wirklich die Antwort des Tieres ist.

Sobald du alle Fragen, die dich interessieren, gestellt hast, bedanke dich bei dem Tier für seine Antworten und seine Zeit, und verabschiede dich von ihm, genau so, wie du es auch bei deinen Freunden tun würdest. Trenne eure Verbindung, indem du dir vorstellst, dass die Sonne den Regenbogen auflöst. Dann stelle dich und das Tier gedanklich jeweils in einen eigenen Lichtkreis, sodass jeder wieder ganz für sich ist.

Bei der Tierkommunikation ist es sehr wichtig, dass du stets nur zum Wohl des Tieres handelst. Mit Tieren zu sprechen, bedeutet immer auch, Verantwortung für sie zu übernehmen. Sie vertrauen dir, sie sehen in dir ein Sprachrohr, in das sie ihre Hoffnungen setzen. Übe immer weiter, sodass du dir deiner Wahrnehmung sicherer wirst.

Wie finde ich mithilfe der Tierkommunikation heraus, was mein Tier hat?

Zum einen kannst du dein Tier – so, wie eben kurz dargestellt – einfach fragen, ob es krank ist oder Schmerzen hat. Dabei ist es besonders wichtig, dass du die Fragen so präzise wie möglich stellst. Je besser du fokussierst, umso detaillierter fällt auch die Antwort des Tieres aus. Zum anderen kannst du den schon erwähnten Körperscan durchführen.

Wählst du den mentalen Dialog, kannst du mit folgenden Fragen viel über das Tier herausfinden. Vertraue dir selbst und deinen Wahrnehmungen. Um dieses Vertrauen zu erlangen, ist viel Übung wichtig. Im Folgenden stelle ich einige Fragen vor, die du nutzen kannst, um mehr über den Gesundheitszustand deines Tieres zu erfahren, und erläutere den Zweck, dem sie dienen.

Wie geht es dir körperlich?

Möchtest du etwas über den körperlichen Gesundheitszustand erfahren, ist es wichtig, dass das Wort »körperlich« in deiner Frage enthalten ist. Die einfache Frage »Wie geht es dir?« ist eine zu allgemeine Frage, die sich nicht zwangsläufig auf das körperliche Befinden beziehen muss.

Hast du Schmerzen?

Das Ziel dieser Frage ist klar. Die Intensität eventueller Schmerzen lässt sich allerdings damit nicht herausfinden.

Kannst du mir sagen, wo in deinem Körper du Schmerzen hast?

Daraufhin verrät dir das Tier, in welchen Körperteilen es Schmerzen hat.

Kannst du den Schmerz beschreiben?

Diese Frage ist wichtig, um zu erfahren, wie sich der Schmerz anfühlt oder wie stark er ist.

Weißt du, was dir helfen könnte?

Mit dieser Frage eröffnest du dem Tier die Möglichkeit, selbst zu sagen, welches Mittel oder welche Therapie ihm helfen könnte. Nicht immer haben Tiere darauf eine Antwort, doch einige von ihnen wissen sehr genau, was gut für sie ist und was ihnen helfen kann.

Wer kann dir helfen, ein Tierarzt oder Tierheilpraktiker, ein Osteopath oder ein Physiotherapeut usw.?

Hier verhält es sich wie mit der vorangegangenen Frage. Das Tier weiß manchmal sehr genau, was die richtige

Therapie ist. Tieren geht es wie uns. Auch wir Menschen wissen meist intuitiv, was uns guttut und wer oder was uns helfen kann. In der Regel wird die Antwort darauf mit deinem Gefühl oder deiner Ansicht übereinstimmen.

Wirst du wieder gesund?

Diese Frage kann man durchaus stellen, gerade dann, wenn eine offensichtlich schwere Erkrankung der Grund des Gespräches ist. Ich möchte allerdings betonen, dass du auf jeden Fall schon geübt sein und dir selbst wirklich vertrauen solltest, wenn du eine solche Frage stellst. Sonst kann es passieren, dass du aufgrund deiner Erfahrungen oder deiner emotionalen Stimmung eigene Ängste mit in das Gespräch projizierst. Solltest du dir nicht sicher sein, dann lasse es von jemandem, der ebenfalls Übung in Tiergesprächen hat, überprüfen, bevor es dich zu sehr belastet. Damit ist nämlich weder dir noch dem Tier geholfen.

Kann ich dich unterstützen? Wünschst du dir etwas von mir?

Für viele von uns ist es sehr wichtig, selbst etwas tun zu können. Gehörst du auch zu den tatkräftigen Menschen, die das Gefühl haben, irgendetwas tun zu müssen, damit es ihrem kranken Tier vielleicht besser geht? Befolge auf jeden Fall den Rat deines Tieres – auch wenn es Nein sagt.

Mit all diesen Fragen kannst du schon viel über den Gesundheitszustand deines Tieres erfahren. Manchmal reichen die Antworten aber allein nicht aus.
Immer wenn jemand meine Felina – sie ist mittlerweile verstorben – fragte, wie es ihr ging, war ihre Antwort stets dieselbe: »Mir geht es bestens« – egal ob sie humpelte oder schwer atmete. Für sie war es gut, so, wie es war. Einen richtigen Einblick in ihren Gesundheitszustand konnte ich nur gewinnen, indem ich mich in ihren Körper einfühlte. Meistens bestätigte dies aber ihre Aussage. Der Schmerz war für sie auszuhalten, und deshalb war sie mit ihrem Befinden anscheinend zufrieden. Na ja, sie war auch kein »Jammertyp«, aber sie versuchte, mir durch ihre stets gleiche Antwort auch deutlich zu machen, dass das, was ich gesehen hatte, nicht zwangsläufig dem entsprach, wie sie es fühlte.

Ich glaube, gerade in Bezug auf den Gesundheitszustand unserer Tiere projizieren wir häufig unsere Gefühle, Wahrnehmungen und Glaubenssätze in sie hinein. Nicht selten habe ich es beispielsweise schon erlebt, dass blinde Tiere sehr gut zurechtkommen und keine Probleme mit ihrer Blindheit haben. In ihren Gesundheitszustand wird dennoch das Mitleid der Menschen bzw. das, was die Menschen über Blindheit denken, hineininterpretiert. Damit dies nicht geschieht bzw. um sich ein eigenes Bild machen zu können, ist ein Körperscan sehr empfehlenswert. Probiere das Körperfühlen doch einfach mal aus …

Wie funktioniert ein Körperscan?

Ein Körperscan oder das Körperfühlen funktioniert im Grunde genommen ganz einfach: Du spürst die Blockaden und Disharmonien des Tieres in deinem eigenen Körper. Dazu ist es natürlich absolut notwendig, dass du dir zunächst bewusst machst, wo in deinem Körper du vielleicht selbst Schmerzen oder Blockaden hast. Sobald du dir deine eigenen Schmerzen bzw. Blockaden bewusst gemacht hast, sage dir Folgendes: »Ich nehme den Schmerz in meinem eigenen Körper wahr, doch ich möchte jetzt nur den Schmerz und die Blockaden von meinem Tier erfühlen.« Mit dieser verbalen Bewusstwerdung grenzt du deine eigenen Schmerzen aus und spürst für den Augenblick nur das, was dein Tier fühlt.

Als Nächstes ist es wichtig, das Tier um Erlaubnis zu fragen, ob es überhaupt einen Körperscan möchte. Manche Tiere sind damit nicht einverstanden, andere wissen nicht, was auf sie zukommt und sind daher skeptisch. Wieder andere Tiere fragen sich, ob das Körperfühlen möglicherweise wehtut. Dann kannst du dem Tier versichern, dass es nicht schmerzhaft ist. Es kann lediglich ein Gefühl der Wärme oder ein Kribbeln verspüren. In der Regel ist das Tier dann einverstanden, sagt es aber dennoch Nein, bedeutet dies, dass du bei ihm wirklich keinen Körperscan durchführen darfst.

Es ist ausgesprochen wichtig, die Wünsche der Tiere zu achten, und ein Nein hat in der Regel auch einen berechtigten Grund. Manchmal möchten Tiere beispielsweise nicht, dass wir Menschen uns mit ihren Schmerzen oder körperlichen Blockaden belasten, weil sie wissen, dass ihre Zeit auf der Erde nur noch kurz ist. Dann wünschen sie möglicherweise eher, dass ihre Menschen sich nur mit ihnen beschäftigen, anstatt mit ihrer Krankheit, für die es

keine Heilung mehr gibt. In solch einem Fall sprechen Tiere im weiteren Gesprächsverlauf dann auch häufiger davon, dass ihre Menschen sich mehr Zeit für sie nehmen sollten, und betonen beispielsweise auch, dass Zeiten, die vorbei sind, nie mehr wiederkommen.
Ein »Nein« kann aber auch schlicht bedeuten, dass dem Tier nichts fehlt und dass es keine Beschwerden hat. Dies erklären sie dann auch meist in der darauffolgenden Unterhaltung.
Da unsere Tiere als unsere Lehrmeister fungieren, sollten wir aus allen Antworten, die uns Tiere geben, auch etwas für uns ableiten und etwas daraus lernen. Auch ein Tier möchte – genau wie jeder Mensch, der hier auf die Erde kommt, – seine ganz eigenen Erfahrungen machen, beispielsweise auch, indem es ganz bewusst keine Heilung mehr möchte. Wenn es deutlich sagt, was es möchte und was zu tun ist, sollten wir dies akzeptieren. Tiere entscheiden selbst, was sie wollen und was für sie wichtig ist –, auch wenn wir uns das oft nicht vorstellen können.

Sobald dir das Tier aber signalisiert, dass es mit einem Körperscan einverstanden ist, gehst du folgendermaßen vor:

Stelle dir zunächst vor, dass du ein kleines Männchen bist, das eine Reise durch den Körper des Tieres antritt. Schlüpfe über das Stirnchakra in den Körper hinein. Dieses befindet sich in der Mitte zwischen den Augen. Dann »reise« von oben nach unten durch den Körper deines tierischen Freundes. Stelle dir vor, dass du auf vier Füßen stehst. Außer natürlich, du fühlst dich in einen Vogel ein. In diesem Fall sind deine Arme die Flügel.

Richte also als Erstes deine Aufmerksamkeit auf deinen Kopf. Beginne bei deinen Augen. Überprüfe, ob du einen klaren scharfen Blick hast oder ob deine Sicht getrübt ist. Gehe dann weiter zu deinen Ohren. Hörst du gut, oder spürst du vielleicht irgendetwas im Ohr? Ein Jucken oder ein Druckgefühl? Konzentriere dich nun auf deinen Mund. Hast du vielleicht Zahnschmerzen, oder verspürst du einen Druck im Kiefer?

Widme nun deiner Wirbelsäule etwas Aufmerksamkeit, beginne an der Halswirbelsäule, gehe Wirbel für Wirbel nach unten. Merkst du vielleicht im Rückenbereich eine Verspannung? Spürst du ein Stechen, Ziehen oder Pulsieren, einen Druck auf den Wirbeln oder Sonstiges?

Nun überprüfe deinen rechten Fuß, dann den linken. Hast du irgendwo Schmerzen? Wie fühlen sich diese an? Wandere jetzt wieder nach oben, fühle zunächst in deine

Schultern hinein, dann in den rechten und schließlich in den linken Arm. Merkst du etwas, was vorher nicht vorhanden war, oder ist nichts zu fühlen?
Wenn du dich in ein Pferd einfühlst, stelle dir vor, dass ein Sattel auf deinem Rücken liegt. Wie fühlt er sich an? Drückt er oder passt er gut? Dann sage zu dem Pferd, dass du nun spüren möchtest, wie es sich anfühlt, wenn ein Mensch auf seinem Rücken sitzt. Dein Rücken gibt sofort etwas nach, und es fühlt sich an, als würde sich jemand auf dir befinden. Wie fühlt sich das an? Ist es für dich unangenehm? Drehe deinen Körper nach links und nach rechts. Kannst du Blockaden bei der Drehung feststellen? Geht es auf einer Seite besser als auf der anderen?
Als Nächstes beobachte deinen Atem. Kannst du ganz tief in den Bauch einatmen, oder ist deine Atmung eher oberflächlich? Spürst du Druck auf der Brust? In vielen Fällen hat ein Druckgefühl in der Brust eine seelische Ursache. Daher ist es wichtig, genau zu spüren, ob der Druck körperlicher oder seelischer Natur ist. Tiere machen sich manchmal große Sorgen um ihre Menschen und deren Sorgen. Dies ist der Druck, den du dann spürst. Ich möchte allerdings betonen, dass uns Tiere damit nichts abnehmen. Sie merken einfach nur, wenn es uns schlecht geht.

Beobachte jetzt deinen Herzschlag. Spüre den Rhythmus. Schlägt dein Herz gleichmäßig oder eher unregelmäßig? Jetzt richte deine Aufmerksamkeit auf die inneren Organe. Gehe zuerst zum Magen, denn diesen kannst du mit dem Körperscan allein noch gut erfühlen. Spürst du dort Druck, Krämpfe oder wird dir gar übel? Bei den restlichen inneren Organen ist es sehr schwer, nur mithilfe des Körperscans etwas herauszufinden.

Um etwas über den Zustand der übrigen inneren Organe zu erfahren, ist es am besten, hellhörend, hellfühlend oder hellsehend Informationen zu diesen Organen zu erlangen. Wähle die für dich passende Methode, je nachdem, wo deine Stärken liegen.

Wenn du zum Beispiel hellhörend bist, dann frage einfach das jeweilige Organ, ob es energetisch gesund ist. Die Antwort erhältst du dann von einer inneren Stimme.

Sollte deine Begabung eher im Hellfühlen liegen, dann beobachte, welche Reaktion das Wort des Organs bei dir auslöst. Musst du lächeln, oder spürst du etwas Unangenehmes? Vielleicht nimmst du auch gar nichts wahr. Dann spricht man von neutral im energetischen Sinne. Das bedeutet, dass das Organ aus energetischer Sicht weder gesund noch krank ist. Das heißt, es ist genügend Energie vorhanden, aber das Organ arbeitet nicht zu 100%.

Bist du jemand, der häufig innere Bilder sieht, so betrachte die Farben der einzelnen Organe. Helle Farben deuten auf etwas Positives hin, Schwarz oder dunkle Farben zeigen energetische Schwachstellen auf.
Beachte beim Körperfühlen, dass nicht alle Tiere dieselben Organe wie wir Menschen haben. Das Organsystem von Hunden und Katzen ähnelt unserem, Pferde haben dagegen ein anderes, außerdem verfügt ihr Skelett über weit mehr Knochen als das von uns Menschen. Fühlst du dein Knie, ist es auch das Knie des Tieres, auch wenn es sich an einem ganz anderen Ort befindet.
Beim Körperscan an sich geht es aber nicht darum, jedes einzelne Organ oder jeden einzelnen Knochen genau zu fühlen, sondern zunächst sollen nur der ungefähre Ort und die Intensität des Schmerzes bestimmt werden. Weiß man, wo der Schmerz liegt, kann man dem Tierarzt für die Diagnosefindung bereits wertvolle Hinweise geben.
Solltest du aber alles genau wissen wollen, dann empfehle ich dir, ein Bild zur Hand zu nehmen, auf dem die Lage von Organen oder Knochen eingezeichnet ist.
Sobald du den ganzen Körper gescannt hast, gehst du bewusst wieder aus dem Körper des Tieres heraus. Sage dir ausdrücklich, dass du wieder ganz du selbst bist, und visualisiere zwei Lichtkreise, einen für dich und einen für das Tier.

Manche Menschen haben Schwierigkeiten, sich in den Körper eines Tieres einzufühlen. Meistens liegt dies daran, dass sie Schwierigkeiten haben, sich selbst ganz und gar ihren Emotionen zu öffnen. Durch emotionale Verletzungen haben diese Menschen meist kein Vertrauen mehr in andere und verschließen deswegen ihr Herz. Die absolute Bereitschaft, sich ganz, also mit dem Herzen zu öffnen, ist sehr, sehr wichtig, wenn man Gefühle und Schmerzen bei Tieren erfühlen möchte.

Solltest du damit Probleme haben, arbeite am besten zunächst an diesem Thema, um dich weiter für die Tierwelt zu öffnen und die Liebe vollständig in deinem Leben willkommen zu heißen. Wie du dies machst – ob du beispielsweise Meditationen, Entspannungsübungen oder andere Techniken anwendest – musst du allerdings ganz für dich selbst herausfinden. Auf meiner Meditations-CD »Meditationen zur Verbindung mit deinem Tier« findest du eine Herzöffnungsmeditation, die dir bei diesem Thema helfen kann.

Es gibt aber noch weitere Möglichkeiten, Blockaden und Schmerzen deines Tieres aufzuspüren, falls du mit dem Körperscan Probleme hast. Du kannst pendeln oder den kinesiologischen Muskeltest ausprobieren. Solltest du Reiki praktizieren, fällt es dir vielleicht leichter, in Gedanken mit deinen Händen über den Körper des Tieres zu wandern. Dann spürst du beispielsweise intuitiv in deinen Händen, in welchen Organen Energie benötigt wird. Allerdings haben diese Methoden auch einen Nachteil: Du fühlst nicht, wie sich ein Schmerz anfühlt bzw. wie stark er ist.

Während deiner ersten Erfahrungen mit dem Körperscannen fragst du dich bestimmt des Öfteren, ob du wirklich die Schmerzen des Tieres spürst oder ob du nur deine eigenen Empfindungen wahrnimmst. Hier ist genau wie bei der mentalen Tierkommunikation nur eines wichtig: Üben! Üben! Üben! Je häufiger du dich in den Körper eines Tieres einfühlst, umso leichter fällt dir dieser Check. Nachdem du einen Körperscan bei einem fremden Tier durchgeführt hast, bitte unbedingt um ein Feedback seiner Besitzer, damit du sehen kannst, ob du Blockaden oder Probleme erkannt hast, die ihnen bereits bekannt waren. Beharre aber nicht auf deinen Wahrnehmungen, denn energetisch können Blockaden schon erspürt werden, wenn sie sich noch nicht in körperlichen Symptomen zeigen.

Es ist sehr wichtig, diese Art der Wahrnehmung zu schulen und immer wieder zu üben. Je öfter du dies tust, umso besser wirst du. Ist dir bereits eine bestimmte Erkrankung

oder Blockade des Tieres bekannt, dann konzentriere dich vor allem auf deren Bereiche. Du musst also nicht jedes Mal den kompletten Körper erfühlen.
Früher habe ich in jedes Tiergespräch einen Körperscan eingebaut und viele positive Feedbacks von Tierbesitzern bekommen. Jetzt mache ich dies in der Regel nur noch, wenn ich das Gefühl habe, dass etwas nicht in Ordnung ist und wenn die Frage nach einer Erkrankung mit Ja beantwortet wurde oder wenn ich bereits weiß, dass in einem bestimmten Körperbereich eine Erkrankung oder eine Blockade vorhanden ist.

Wie kann ich meine körperliche Wahrnehmung trainieren?

Körperfühlen

Führe diese Übung gemeinsam mit einem Partner durch. Setzt euch einander gegenüber, und frage ihn oder sie laut, ob du dich in seinen oder ihren Körper einfühlen darfst. Wenn es dir hilft, den mentalen Kontakt herzustellen, kannst du deinen Partner auch berühren. Stelle dir als Nächstes vor, dass du nur noch die Blockaden und

Schmerzen deines Gegenübers wahrnimmst. Deine eigenen sind ausgeblendet. Gehe nun Schritt für Schritt alle Körperregionen durch und fühle, in welchen Bereichen deines Körpers Blockaden oder Schmerzen vorliegen. Konzentriere dich auf die Schmerzen oder Blockaden, die vorher noch nicht da waren. Du wirst erstaunt sein, was du alles findest. Sogar Verletzungen aus der Kindheit können im Scan noch erfühlt werden. Nach dieser Übung kannst du sofort ein Feedback deines Partners erhalten, das gibt dir mit der Zeit auch Sicherheit beim Körperscannen von Tieren.

Emotionen fühlen

Dies ist eine weitere Übung, die du mit einem Partner durchführen kannst. Dabei erfühlst du, in welchem Gefühlszustand sich dein Gegenüber befindet. Er oder sie sollte versuchen, sich in unterschiedliche emotionale Zustände zu versetzen. Dabei ist es wichtig, sich so gut wie möglich in das entsprechende Gefühl, zum Beispiel Wut, ganz deutlich hineinzuspüren. Du gehst wie bei der vorherigen Übung vor. Schließe deine Augen und fühle, wie du dich mit deinem Gegenüber verbindest. Das kann

mithilfe von Berührung geschehen, oder du stellst dir einen Regenbogen vor, der euch beide verbindet. Allein die Absicht, die Emotion deines Gegenübers empfinden zu wollen, reicht im Grunde schon aus, weil du dich dadurch schon in das Energiefeld des anderen begibst und so dessen Emotionen wahrnehmen kannst.
Dieselbe Übung kannst du auch mit einem Gegenstand durchführen. Nimm diesen in die Hand und versuche, die Emotionen des Menschen, dem dieser Gegenstand gehört, wahrzunehmen.

Körperübung

Je mehr du dich mit deinem eigenen Körper beschäftigst, beispielsweise indem du Körpermeditationen machst, umso größer wird auch dein Gespür für fremde Körper und ihre Blockaden. Du wirst so viel über deinen eigenen Körper lernen, denn du kannst auch beispielsweise deine Organe fragen, was sie brauchen oder sich wünschen, wenn du Schmerzen hast. Unser Körper gibt uns Zeichen, wenn etwas in unserem Leben nicht so läuft, wie es sein sollte. Du wirst bei diesen Meditationen viel über dich lernen.

Körpermeditation

Mache es dir für diese Übung bequem. Vielleicht liest sie dir jemand vor, oder du machst sie später aus deinem Gedächtnis heraus.

Amte ein paar Mal ganz bewusst in deinen Bauch hinein und wieder aus. Gehe nun mit deinem Bewusstsein zu einem Organ, welches sich nicht gut anfühlt, oder zu der Körperstelle, an der du Schmerzen hast. Fühle dich jetzt in dieses Organ hinein, und schicke ihm ein Gefühl der Dankbarkeit und Liebe. Bedanke dich bei dem Organ für seine Leistung, und entschuldige dich dafür, dass du nicht schon früher zu ihm gekommen bist. Frage das Organ nun in Gedanken, was es sich von dir wünscht. Was hörst du? Was fühlst du? Kannst du deinem Organ versprechen, dass es das bekommt, was es gern hätte? Musst du vielleicht einen Kompromiss finden? Führe einen inneren Dialog, bis das Organ sich gut anfühlt. Sei dabei stets in Dankbarkeit und Liebe zu diesem Organ.

Komme dann wieder ins Bewusstsein zurück.

Je nachdem, um welche Beschwerden es sich handelt, solltest du bereit sein, immer wieder zu dem entsprechenden Organ zu reisen, um ihm Liebe und Dankbarkeit zu schenken, bis es ihm wieder besser geht. Außerdem solltest du das tun, was dir mitgeteilt wird, um eine schnelle Genesung herbeizuführen. Probiere es aus, es funktioniert!

Gibt es Grenzen beim Körperscan?

Der Körperscan ist immer, vor allem aber, wenn er für fremde Tiere durchgeführt wird, mit Sorgfalt und Verantwortungsgefühl durchzuführen. Es ist sehr wichtig, sich selbst während eines Scans stets neu zu überprüfen. Vergiss nie, Diagnosen darf nur stellen, wer das nötige Fachwissen besitzt. Denke immer daran, was die falschen Worte beim Tierbesitzer auslösen könnten. Es geht beim Körperfühlen in erster Linie darum, Schmerzen oder Blockaden zu lokalisieren und die Art und Weise des Schmerzes zu beschreiben.

Eine Klientin bat mich einmal, mich in ihren Hund einzufühlen. Ich spürte einen sehr starken Schmerz im Bereich des vierten und fünften Lendenwirbels, der sich bis in meinen Fuß hineinzog. Die Klientin rief mich später an und fragte, ob ich im Knie nichts gespürt hätte. Das verneinte ich. Nach einer nochmaligen Überprüfung konnte ich wieder nichts im Knie entdecken. Nur der Schmerz im Rücken war sofort wieder da. Meine Klientin erzählte mir, dass sie dies komisch fände, weil der Hund im Knie Arthrose hätte. Als sie zum Tierarzt ging, wurde der Hund geröntgt. Sie bat darum, auch eine Aufnahme vom unteren Rückenbereich zu machen. Es stellte sich schließlich heraus, dass der Hund im Lendenwirbelbereich einen Bandscheibenvorfall hatte, der auf einen Nerv drückte. Der Zustand des Knies hatte sich nicht verschlechtert. Ohne die Information aus dem Körperscan wäre wahrscheinlich nur das Knie geröntgt worden und der Bandscheibenvorfall des Hundes unentdeckt geblieben. So aber konnte ihm mit der richtigen Behandlung sofort geholfen werden.

Beim Einfühlen in fremde Tiere ist es zum einen wichtig, dass du bereits einige Übung darin hast, zum anderen musst du gegenüber dem Tierbesitzer unbedingt auf deine Wortwahl achten. Versuche, dich in ihn hineinzuversetzen. Er macht sich wahrscheinlich Sorgen um seinen Liebling, sonst hätte er dich nicht um einen Körperscan gebeten. Sprich also niemals von einer »Erkrankung«, sondern immer nur von »Blockaden« oder »Disharmonien«.

Es gibt Worte, die ich in Gesprächen mit meinen Klienten nicht benutze, wie zum Beispiel »Tumor«. Tumor bedeutet erst einmal »Geschwür, Geschwulst«. Dies sagt noch nichts über seine Gefährlichkeit aus. Hast du das Gefühl, dass im Körper des Tieres etwas Schlimmes wie ein Tumor vorhanden ist, weißt du trotzdem noch nicht, ob dieser gut- oder bösartig ist. Sei deswegen bitte auf keinen Fall voreilig, und versuche nicht, selbst eine Diagnose zu stellen. Dies kann nur ein Tierarzt.

Wie aber verhältst du dich in solch einer Situation? Wie schon gesagt, versetze dich in den Tierbesitzer, und frage dich zuerst einmal selbst, was du empfinden würdest, wenn dir jemand etwas sagt wie: »Dein Hund, deine Katze, dein Kaninchen oder dein Pferd hat einen Tumor im Bauch.« In diesem Moment würde für dich erst einmal die Welt zusammenbrechen, und du wärst voller Sorge. Du würdest sofort zum Tierarzt gehen und ihm sagen, dass du glaubst, dass dein Tier einen Tumor hätte. Fände dieser dann aber unter Umständen nichts, wärst du heilfroh und voller Freude. Demjenigen, der dir gesagt hätte, dass dein Tier einen Tumor im Bauch hätte, würdest du aber wahrscheinlich keine guten Gedanken schicken. Und genau das könnte dann der Grund sein, aus dem du dich der mentalen Kommunikation verschließt und sie als Quatsch abtust. Wem wäre dann aber geholfen? Unseren Tieren ganz bestimmt nicht.

Auf der energetischen Ebene sind Disharmonien, Blockaden und Ähnliches schon zu fühlen, bevor sie als Symptome zutage treten. Es könnte in dem vorherigen Beispiel also durchaus sein, dass das Tier früher oder später einen Tumor im Bauch bekommt. Die Information darüber war bereits vorhanden, nur medizinisch war eben noch nichts feststellbar.

Woher weißt du nun, was du offenbaren kannst und was du besser verschweigst? Aufgrund meiner Erfahrung halte ich es für ratsam, keine Worte wie »Tumor«, »Krebs« oder »Geschwür« zu benutzen. Diese erzeugen bei den Menschen Angst. Solltest du beispielsweise das Gefühl haben, dass sich im Bauch ein Tumor befindet, kannst du es folgendermaßen umschreiben: »Ich habe das Gefühl, dass im Bauchraum etwas ist. Ich weiß nicht, was es ist,

aber es wäre sinnvoll, wenn Sie es bei Ihrem Tierarzt abklären ließen.«
Eine andere Situation ist gegeben, wenn das Tier in einem mentalen Gespräch selbst von einem Tumor oder einem Geschwür spricht. Denke aber immer auch an die Gefühle der Menschen. Mancher mag sich jetzt vielleicht denken: »Ich würde jedoch alles wissen wollen, was mein Tier hat oder sagt.« Das kann natürlich richtig sein, doch oftmals verändert sich durch Faktenwissen gar nichts. Ist es so wichtig, »das Kind beim Namen zu nennen«? Tumor bedeutet zunächst einmal Geschwür, das sagt über die Heilungschancen erst einmal noch gar nichts aus. Für die meisten Menschen ist das Wort »Tumor« aber negativ behaftet, und es ruft bei vielen Panik und Angst hervor. Für Tiere ist es jedoch wesentlich besser, wenn ihre Menschen angstfrei und entspannt sind.
Es gibt auch Situationen, in denen ein Körperscan nicht sinnvoll ist. Manche Symptome erfordern dringendes schnelles Handeln, und weiteres Warten könnte eventuell sogar zum Tod des Tieres führen. Akute Symptome, die einer sofortigen tierärztlichen Behandlung bedürfen, sind folgende:

Das Tier hat seit Tagen Durchfall.

Dies kann auf einen Infekt oder eine Vergiftung hinweisen. Hier drohen Austrocknung und Tod des Tieres – vor allem bei Jungtieren.

Das Tier erbricht seit Tagen alles, was es frisst.

Hier kann ein Infekt, eine Vergiftung oder eine Nierenerkrankung zugrunde liegen.

Das Tier frisst seit mehreren Tagen nichts mehr.

Der Grund dafür kann beispielsweise ein Fremdkörper im Hals sein oder eine Erkrankung im Organsystem wie eine Nierenerkrankung oder eine Magenentzündung.

Das Tier kann sein Geschäft nicht mehr verrichten, und/oder es hat dabei Schmerzen.

Möglicherweise hat das Tier Verstopfung oder sogar einen Darmverschluss.

Das Tier steht nicht auf.

Bei Pferden kann eine Kolik der Grund dafür sein. Andere Ursachen können in den Knochen liegen. Auf jeden Fall ist davon auszugehen, dass das Tier sehr große Schmerzen hat.

Dies sind nur einige äußere Anzeichen, die auf einen Notfall hinweisen können. Sicherlich gibt es weit mehr. Du siehst aber an den Beispielen auch, dass die Grenzen fließend sind. Ein Tier kann auch akute Beschwerden haben, bei denen ein Körperscan hilfreich ist, weil dadurch möglicherweise die Ursache der Beschwerden gefunden werden kann.

Verlasse dich auf dein Gefühl, und handle bitte mit Bedacht, aber in vielen solcher Fälle ist äußerste Eile geboten. Die Situationen zu erkennen und richtig einzuschätzen und dann im Interesse des Tieres zu handeln, bedeutet, Verantwortung zu zeigen. Jeder, der mit Tieren spricht, sollte sich immer wieder bewusst machen, welche Verantwortung er damit trägt. Schule darum deine Fähigkeiten, dein Gespür und deine Intuition immer wieder. Lerne, dir selbst zu vertrauen, und übe die Tierkommunikation, vor allem auch mit fremden Tieren, sodass du von den Besitzern ein Feedback erhältst. Je intensiver und häufiger du Tierkommunikation und den Körperscan übst, umso sicherer wirst du darin werden. Glaube stets an dich und an das, was du empfindest und fühlst. Nur weil sich etwas gerade nicht nachweisen lässt, bedeutet das nicht, dass es energetisch nicht vorhanden ist.

Zusammenfassung

Wir wollen noch einmal die wichtigen Details vom Körperscan reflektieren:

1. **Reinigen, Erden, Schützen**
2. **Verbindung von Herz zu Herz herstellen**
3. **Fragen, ob das Tier kommunizieren möchte**
4. **Fragen, ob das Tier einen Körperscan erlaubt**
5. **Vorstellen, wie du in den Körper schlüpfst**
6. **Von oben nach unten alle Körperbereiche erfühlen**
7. **Genaue Beschreibung der Lage und der Intensität des Schmerzes und der Blockaden**
8. **Aus dem Körper austreten**
9. **Sich selbst und das Tier in einen Lichtkreis stellen**
10. **Verabschieden und Verbindung trennen**

Was kann ich tun kann, wenn mein Tier erkrankt ist?

In der Regel fühlt man sich recht hilflos, wenn sein Tier krank ist und man über keinerlei Erfahrungen mit Therapien verfügt und weder Kenntnisse noch eine Ausbildung in Tierheilkunde hat. Wir Menschen möchten in diesen Fällen nichts lieber als unserem Tier helfen und ihm beistehen, aber stattdessen sind wir völlig auf die Hilfe anderer angewiesen. Dies kann sehr unbefriedigend sein. Darum stelle ich dir hier Methoden vor, die auf energetischer, seelischer und körperlicher Ebene auf das Befinden des Tieres wirken. Dazu brauchst du keine spezielle Ausbildung und auch keine Heilerfahrung, sondern einfach nur das Bedürfnis, deinem Tier zu helfen.

Heilkreise legen

Ein Heilkreis kann bei vielen verschiedenen Anliegen eingesetzt werden. Es ist kein Geheimnis, dass man in Gemeinschaft besonders viel erreichen kann, wenn zum Beispiel eine Gruppe Menschen gemeinsam betet oder einem Tier Heilenergien schickt, dann ist der Erfolg oft doppelt so groß. Heilenergien kann jeder schicken, die pure Absicht, Heilung senden zu wollen, reicht aus. Stelle dir dazu eine hell strahlende Lichtkugel vor, und leite dieses Licht zu dem Tier. Wenn du Reiki oder Ähnliches praktizierst, dann sende die Energien mithilfe dieser Technik zu dem Tier.

Ein Heilkreis muss allerdings nicht in einer Gruppe ausgeübt werden, er funktioniert auch, wenn man ihn allein erstellt. Ich selbst benutze Heilkreise sowohl für Tiere als auch für Menschen, um sie energetisch zu unterstützen. Ich lege Heilkreise für Tiere und Menschen bei Krankheiten, aber auch an bestimmten Tagen nur für unsere Tiere, wie zum Beispiel an Silvester. Denn dann fürchten sich unsere Tiere sehr vor den Böllern.

Anleitung

Wähle einen besonderen Bereich in einem Zimmer und dekoriere ihn mit einer Kerze, mit Engeln und anderen schönen Dingen, die dir gefallen. Lege einen Zettel mit dem Namen des Tieres oder ein Bild des Tieres, für das du dir Heilung erhoffst, dorthin. Positioniere nun Engelkarten oder Heilsteine im Kreis um das Bild bzw. den Zettel herum, und zünde die Kerze an. Wähle die Karten und Heilsteine intuitiv, pendle sie aus, oder lasse deiner Fantasie und deiner Intuition freien Lauf.

Sprich jetzt ein Gebet für die Heilung. Du kannst das nachfolgende Gebet verwenden, oder es so abändern, dass es für dich stimmig ist. Es gibt kein Richtig oder Falsch, denn egal, welche Materialen du verwendest, welche Karten du auswählst, welche Worte du gebrauchst, deine Intention und dein Wunsch, dem Tier zu helfen, reichen völlig aus. Vertraue auf dein Herz.

»Himmlischer Vater, himmlische Mutter, liebe Engel, liebe Krafttiere, lieber Erzengel Raphael, ich bitte euch um Unterstützung und Heilung für mein Tier (Name des Tieres). Bitte helft (Name des Tieres) bei der Genesung und schickt Heilung in alle kranken Bereiche des Körpers. Ich bitte darum, dass das geschieht, was im göttlichen Lebensplan vorhergesehen ist. Ich danke für eure Hilfe. So sei es!«
Verweile einen Augenblick in der Situation. Dein Heilkreis ist jetzt aktiv. Besonders wirksam ist es, wenn du dieses Ritual ein Mal täglich wiederholst und somit stets neue Energie in den Kreis sendest.

Schamanische Heilreise

Eine ganz andere Möglichkeit, einem Tier beizustehen, bietet eine schamanische Heilreise. Diese Übung ist ganz einfach und erfordert keine Vorkenntnisse oder Sonstiges. Lege dich einfach neben dein Haustier. Möchtest du die Heilreise mit einem größeren oder einem fremden

Tier durchführen, denke intensiv an dieses und betrachte es mit deinem inneren Auge. Nun beginne.

Anleitung

Stelle dir vor, dass du ein kleines Männchen, eine Elfe, eine Fee oder sonst ein kleines Wesen bist, das in den Körper des kranken Tieres reist. Sage zu dir: »Ich möchte jetzt an genau die Stelle im Körper, die dem Tier Probleme bereitet.« Dies ist sehr wichtig, denn bei schamanischen Reisen gibt man stets den Grund seiner Reise an. Begib dich nun an die Körperstelle, zu der du geführt wirst, und beginne damit, diesen Bereich zu säubern. Du erkennst diese Stelle daran, dass sie meist dunkel oder schmutzig ist oder nicht so aussieht wie ein gesundes Organ oder die übrige Umgebung. Es könnte sich beispielsweise Staub auf den Lungenbläschen befinden oder Eiter unterhalb einer Wunde. Du wirst bemerken, dass sich dir auf einmal Werkzeuge zeigen, die du für deine Reinigungsarbeit nutzen kannst, zum Beispiel Hammer und Meißel, um Kalk und Ablagerungen von Kno-

chen zu klopfen, ein Schlauch, um Schleim aus den Bronchien zu saugen oder ein Lappen, um die Organe zu polieren. Arbeite mit Licht, vor allen Dingen, wenn sich ein Organ sehr dunkel zeigt, und den Werkzeugen die du bekommst. Lasse deiner Fantasie und deiner Intuition freien Lauf. Glaube und vertraue darauf, dass alles, was du tust, zum Besten des Tieres ist.

Für meine Felina führte ich öfter schamanische Heilreisen durch, weil sie im hohen Alter Probleme mit der Atmung hatte. Sie schnaufte manchmal so laut, dass man sein eigenes Wort nicht mehr verstehen konnte. Nachdem ich eine Heilreise mit ihr gemacht hatte, war immer für ein paar Tage Ruhe, und ihr Atmen hörte sich ganz normal an. Das war für mich sehr schön zu beobachten, und es hat mir gezeigt, dass diese Methode funktionieren kann. Als meiner Felina ein Milztumor diagnostiziert worden war, reiste ich dorthin. Ich kann mich noch gut erinnern, was ich zu sehen bekam. Der Tumor war ein großer, grauer Klumpen, der auf mich monströs wirkte. Zuerst wollte ich ihn bekämpfen, doch ich merkte rasch, dass dies nicht der richtige Weg war. Mir kam der Impuls, ihm zu verge-

ben. Dies tat ich somit. Ich sagte dem Tumor, dass ich ihm verziehe, dass er hier sei und meinem geliebten Engel den Tod bringe.
Ich weiß noch, dass während der Vergebung sehr viele Tränen flossen. Am erstaunlichsten aber war, dass sich der Tumor hinterher in leuchtendem Weiß zeigte und dass seine Größe auf einen kleinen Lichtpunkt zurückging. Er strahlte nichts Beängstigendes mehr aus. Ich wusste zu diesem Zeitpunkt bereits, dass meine Felina gehen würde, aber trotzdem durfte noch Heilung stattfinden – für meine Felina, aber ganz bestimmt auch für mich.

Du siehst also, wie wirksam solche Rituale sind. Mit ihnen kann viel erreicht werden, und sie erfordern nur unsere Bereitschaft, etwas zu tun. Jeder kann etwas zur Heilung beitragen, egal ob er medizinische Kenntnisse besitzt oder nicht. Dabei gilt es einfach, der Intuition zu folgen und dem Gefühl freien Lauf zu lassen. Heilung auf allen Ebenen ist das Geschenk, das wir bei energetischer Arbeit erhalten.

Tieressenzen und Aura-Sprays

Als hilfreich haben sich auch sogenannte »Aura-Sprays« oder »Tieressenzen« erwiesen. Sie wirken auf energetischer Ebene im feinstofflichen Bereich und stellen aufgrund ihrer positiven Eigenschaften oft eine Bereicherung für Tierhalter und Tiere dar.
Allerdings sollte man beachten, dass man Sprays mit Zusätzen von ätherischen Ölen nur selten verwendet und nicht direkt auf das Fell aufträgt, sondern in einem ausreichenden Abstand von etwa 40 cm über dem Tier versprüht.
Einige ätherische Öle können für Katzen beispielsweise toxisch wirken. Im Speziellen sind dies Eukalyptus, Lavendel, Nelke, Oregano, Pfefferminz, Teebaum, Terpentin, Thymian und Zimt.
Da wir Menschen aber sehr eng mit unseren Tieren verbunden sind, hilft es oft schon, wenn wir uns selbst besprühen und sich dadurch unsere eigenen Schwingungen und Energien verändern.

Häufig gestellte Fragen zum Körperscan

An dieser Stelle möchte ich – wie auch in meinem Buch »Sprich mit deinen Tieren« – Fragen zum Umgang mit kranken Tieren vorstellen und beantworten, die mir von Klienten oder meinen Seminarteilnehmern oft gestellt werden. Sicher findest du, liebe Leserin, lieber Leser, an dieser Stelle die eine oder andere Frage, die du dir vielleicht schon gestellt hast, und eine Antwort darauf.

Kann die Tierkommunikation dazu beitragen, kranke Tiere zu heilen?

Meistens kann ein Tiergespräch helfen, Genaueres über die Beschwerden und Symptome herauszufinden. Du kannst erfahren, worin das Problem besteht und wie man es gegebenenfalls beheben kann. Außerdem hast du die Möglichkeit, das Tier zu fragen, was es selbst über seine Erkrankung denkt und welcher Heilungsweg seiner Ansicht nach am besten eingeschlagen werden sollte. Es ist wie bei uns Menschen, meist wissen auch wir intuitiv, was das Beste für uns ist. Ein Gespräch allein aber kann keine Heilung herbeiführen, dazu sind entsprechende Behandlungsmethoden notwendig.

Übernehmen Tiere Krankheiten von uns Menschen bzw. nehmen sie sie uns ab? Kann uns ein Tier dies mitteilen?

Diese Frage gehört in Bezug auf Tierkrankheiten zu den am häufigsten gestellten. Zuerst einmal können Tiere alles beantworten (wenn sie wollen), also auch solch eine

Frage. Manche Menschen können aber vielleicht mit der Antwort des Tieres nichts anfangen, weil sie selbst ein bestimmtes Glaubensmuster zu dem Thema haben und dieses überwiegt. Meine langjährige Erfahrung und die unzähligen Antworten verschiedener Tiere auf die erstgenannte Frage lassen mich dazu ein klares Nein aussprechen. Tiere übernehmen keine Krankheiten von uns.
Ich muss zugeben, dass ich, bevor ich mit Tieren zu sprechen begann, davon ausging, dass Tiere Krankheiten ihrer Menschen übernehmen würden. Diesen weitverbreiteten Glaubenssatz habe ich aber mittlerweile losgelassen. Meine Anschauung hat sich verändert, weil ich von Tieren immer wieder ähnliche Antworten auf diese Frage erhielt.
Frage dich einmal: Was wäre denn Sinn und Zweck davon? Ist es uns Menschen denn möglich, einem anderen Menschen eine Krankheit abzunehmen? Sicherlich nicht. Obwohl wir Menschen generell oft für eine Situation einen Schuldigen im Außen suchen, so gehen wir bei dieser Frage in Bezug auf unsere Mitmenschen eher nicht davon aus, dass sie uns eine Krankheit abnehmen würden. Bei unseren Tieren tun wir dies allerdings schon. Weshalb denken wir nun bei den Menschen anders? Bei ihnen gehen wir davon aus, dass jede Seele ihre eige-

nen Erfahrungen machen möchte, und Krankheiten sind meist Hinweise darauf, dass sich im Leben etwas verändern sollte. Wir sind auf diese Erde gekommen, weil wir wachsen möchten und uns ganz bestimmte Erfahrungen vorgenommen haben. Die Tiere erzählen mir zu diesem Thema Ähnliches. Manche finden es sogar lustig, dass wir uns so wichtig nehmen. Sie lieben uns über alles und möchten uns auf keinen Fall mit Schuldgefühlen auf der Erde zurücklassen, weil wir annehmen, sie hätten uns eine schwere Krankheit abgenommen und dies mit ihrem Leben bezahlt.

Vielleicht fragst du dich aber nun, warum dein Tier die gleichen Symptome zeigt, wenn du bestimmte Beschwerden hast. Nehmen wir zum Beispiel Magen-Darm-Probleme. Du leidest an diesen Symptomen, und dein Tier zeigt ähnliche Symptome. Dies kann aus mehreren Gründen der Fall sein. Zum einen bist du so eng mit deinem Tier verbunden oder ihr seid euch so ähnlich, dass ihr euch eure Themen spiegelt. Dann zeigt dir dein Tier, dass diese Erkrankung etwas mit deinem Verhalten zu tun hat. Sobald du beispielsweise deine Gewohnheiten änderst und mehr auf deine Gesundheit achtest, geht es auch deinem Tier besser. Zum anderen kann es auch bedeuten, dass du dich mehr mit deiner Erkrankung ausei-

nandersetzen solltest. Durch die Symptome deines Tieres wirst du also indirekt dazu aufgefordert, dich mehr mit dir zu beschäftigen. In der Regel kümmern wir uns nämlich lieber um andere, als um uns selbst.
Möglicherweise sagst du dir jetzt: »Genau dies bedeutet doch aber, dass uns unsere Tiergefährten Krankheiten abnehmen.« Nein! Das bedeutet es ganz und gar nicht. Etwas abnehmen heißt, dass man es selbst gehabt hat und dann nicht mehr hat, oder dass man es, wenn man noch weitergeht, gar nicht bekommt. Ähnliche oder gleiche Symptome zu haben, bedeutet, sich gegenseitig etwas aufzuzeigen. Es könnte ja sein, dass du eine Unverträglichkeit bezüglich Nahrungsmitteln hast, und dein Tier hat dieselben Krankheitserscheinungen wie du. Hier könntest du Vergleiche ziehen, um eine Besserung für dich und/oder dein Tier zu erzielen.
Ich möchte hierzu noch einen Dialog mit dem Hund Roy wiedergeben. Ihm wurde gesagt, dass er die Krankheit seines Menschen nicht mittragen müsste. Er meinte daraufhin:

»Ich fühle einfach nur mit, ebenso wie es Dinge gibt, die dir auf den Magen schlagen, so ist es bei mir. Das kann man nicht ändern, es

hat nichts mit dem Menschen zu tun, ist ganz allein mein Ding. Versteht das endlich. Nicht alles müsst ihr begreifen im Leben, und nicht für alles gibt es eine psychologische Erklärung. Manche Dinge passieren, geschehen, man findet sich auch deswegen und hat gleiche Krankheiten, um miteinander und aneinander zu wachsen. Das ist eine Erfahrung mehr, die man weitergeben kann, so finden sich oft ähnliche Dinge zusammen. Das ist wie mit Menschen, die ähnliche Interessen haben, sie mögen sich und sie treffen zusammen, bei Krankheiten ist das ebenso.«

»Das ist eine ganz andere Sicht der Dinge und eine sehr gute Erklärung – wie ich finde. Das bedeutet, man kommt zueinander, weil man an ähnlichen Erlebnissen wächst?«

»Genau. Die Erfahrungen, die ihr macht oder lernt, werden oft von vielen ähnlichen Erlebnissen geprägt.«

Für mich ist dies eine von vielen Antworten auf diese Frage, die aber alle auf das Gleiche hinaus wollen. Tiere nehmen uns nichts ab, sie tragen auch nichts für uns, sie fühlen mit uns mit, und sie zeigen uns auf, was in unserem Leben verändert werden sollte, damit auch bei ihnen eine Verbesserung eintritt.

Woher weiß ich, ob das Gefühl, das ich beim Körperscan empfinde, das des Tieres ist oder mein eigenes? Wie kann ich meine Blockaden und die des Tieres unterscheiden?

Es ist sehr wichtig, dass du dich vor einem Körperscan erst einmal in deinen eigenen Körper einfühlst. In welchen Bereichen hast du selbst Schmerzen? Sobald du dir diese bewusst gemacht hast, kannst du dich auf das Tier konzentrieren. Dann sagst du einfach zu dir selbst: »Ich fühle jetzt nur noch die Schmerzen oder Blockaden von (Name des Tieres).«

Es gibt allerdings auch Fälle, in denen es sehr schwierig ist, zu unterscheiden, ob du deine Schmerzen oder die des Tieres wahrnimmst. Gerade wenn du deinen

Schmerz sehr intensiv spürst und wenn das Tier im selben Bereich wie du eine Blockade hat, kann sich schnell der »Menschenverstand« einschalten, und du bekommst Zweifel an deinen Fähigkeiten. In der Regel hat das Tier aber genau an derselben Stelle wie du ein gleiches Schmerzgefühl, und da du den Schmerz so gut kennst, fällt es dir besonders leicht, die Intensität des Schmerzes zu beschreiben. Es findet sich im Universum meist das, was zusammengehört. Das bedeutet in diesem Zusammenhang, dass möglicherweise ein fremdes Tier mit ähnlichen Blockaden oder Schmerzen wie du zu dir geführt wurde. Denn ist es nicht einfacher, aus eigener Erfahrung zu erzählen, oder es zu beschreiben?

Mir selbst ging es einmal mit einem Kater so. Ich hatte gerade extreme Probleme mit meinen Weisheitszähnen. Ich spürte großen Druck in meinem Kiefer, der Schmerz war fast unerträglich.

Zur selben Zeit kam eine Klientin zu mir, deren Kater nicht gut fraß. Daraufhin vollzog ich einen Körperscan. Ich schob zuerst meine eigene Schmerzen in den Hintergrund und konzentrierte mich auf den Kater. Sobald ich mich in seinen Körper eingefühlt hatte, spürte ich erneut extremen Druck und Schmerzen in meinem Kiefer. Ich informierte die Klientin, dass ich sehr starken Druck im

Kiefer verspürt hatte, erwähnte aber auch, dass ich selbst in diesem Bereich Probleme hätte und deshalb nicht 100%ig sagen könnte, ob ich wirklich die Schmerzen des Tieres wahrgenommen hätte. Sie erzählte mir, dass der Kater auch Probleme mit den Zähnen gehabt hätte, aber der Tierarzt nichts hätte feststellen können. Sie ging daraufhin aber erneut zum Tierarzt und bat diesen, das Maul des Katers erneut zu untersuchen. Die Diagnose lautete: vereiterter Kiefer!
Nach diesem Erlebnis war für mich klar, dass bei Übereinstimmungen der Blockaden von Mensch und Tier in der Regel einfach dieselben Symptome vorliegen.

Gibt es einen Unterschied zwischen tatsächlichen körperlichen Blockaden und energetischen Blockaden?

Es ist sehr schwer zu erkennen, ob eine Blockade bereits körperlich vorhanden ist oder ob sie nur auf der energetischen Ebene wahrnehmbar ist. Meiner Erfahrung nach sind Blockaden, die als starke Schmerzen zu fühlen sind, körperlich bereits manifestiert, während etwas, was nicht so direkt greifbar ist, eher noch auf der energetischen

Ebene liegt. Wenn das Tier äußerlich keine Beschwerden zeigt, kann nur eine Untersuchung des Tierarztes Aufschluss bringen. Gerade aber bei fremden Tieren, bei denen du einen Körperscan durchführst, sind in der Regel schon äußere Symptome vorhanden, sonst würden die Tierbesitzer kaum um einen Körperscan bitten. In diesen Fällen geht es dann darum, den genauen »Ausgangspunkt« des Symptoms herauszufinden, also festzustellen, wo im Körper die Ursache liegt, die die erkennbaren Beschwerden hervorruft.

Wie kann mein Tier mir helfen, die richtige Entscheidung zu treffen? Kann mein Tier mir sagen, was es braucht?

Stelle deinem Tier immer möglichst präzise Fragen. Je genauer du nachfragst, umso ausführlicher kann die Antwort des Tieres ausfallen. Aus ungenauen oder unvollständigen Informationen kann niemals ein befriedigendes Ergebnis werden. Darum denke daran, deine Fragen so exakt wie möglich zu stellen, wie zum Beispiel: »Kannst du mir sagen, welche Therapie für dich im Mo-

ment die richtige ist?« Gib dem Tier bei Bedarf ruhig einige Beispiele.
In der Regel kann das Tier dir sagen, was es braucht und wer oder was ihm eventuell helfen könnte. Es kann dir Informationen zu dem wahrscheinlich richtigen Weg geben. Und wenn man, wie ich, den Aussagen der Tiere Glauben schenkt, dass jede Seele für sich selbst entscheidet, ob der Körper wieder gesundet oder nicht, ergibt dies durchaus Sinn. Unsere Tiere wissen meist sehr genau, ob sie lieber ihre Ruhe haben wollen oder ob ihnen Bewegung weiterhilft. Vertraue auf dein Gefühl, und stelle darauf aufbauend die richtigen Fragen.

Was kann ich bei chronisch kranken oder jungen Tieren tun, um die Seele »aufzubauen«?

Wenn junge Tiere, die verspielt und aktiv sind, chronisch krank sind und deswegen in ihrem Bewegungsdrang zurückgehalten werden müssen, ist es sehr wichtig, diesen Tieren zu erklären, warum sie bestimmte Bewegungen nicht machen dürfen, zum Beispiel nicht schnell laufen, springen oder wild mit einem Ball spielen.

In solch einem Fall kannst du deinem Liebling mitteilen, dass es andere schöne Sachen gibt, die ihr alternativ zusammen machen könnt, wie zum Beispiel Suchspiele, sofern es sich um einen Hund oder eine Katze handelt. Für Pferde gibt es andere Spiele und Beschäftigungsmöglichkeiten, die das Skelettsystem nicht belasten.
Hilfreich für das Wohlbefinden eines chronisch kranken Tieres ist es auch, Kompromisse einzugehen. Bei einer chronischen Nierenerkrankung beispielsweise, die die Einhaltung einer bestimmten Diät zur Folge hat, kannst du deinem Tier einen Vorschlag wie diesen unterbreiten: Es frisst brav sein Diätfutter, dafür bekommt es einmal in der Woche etwas ganz Besonderes zum Fressen. Das Wichtigste ist, der Seele bzw. dem Tier Alternativen zu seinem geliebten »Tun« zu geben. Du wirst sehen, dass dann alles nur halb so wild ist. Sollte dies noch nicht helfen, kannst du den Prozess mit Heilmethoden wie etwa Bachblüten unterstützen. Für manche Tiere ist eine solche zusätzliche Hilfestellung mit Sicherheit anzuraten.

Nerven Tiere Fragen über ihre Erkrankung oder ihren Gesundheitszustand?

Es kommt natürlich darauf an, wie oft man Fragen danach stellt und warum man dies wissen möchte.

Meine Felina hatte Spondylose (eine Erkrankung der Wirbelsäule) und humpelte mal mehr, mal weniger. Ich machte es mir zur Gewohnheit, sie jeden Tag zu fragen, wie es ihr ginge. Ihre Antwort war täglich: »Mir geht es bestens.« Irgendwann bemerkte ich, dass sie wegen meiner ständigen Fragen zu ihrem Befinden recht genervt war. Ich sprach sie darauf an, und sie sagte zu mir, dass ich mir einmal vorstellen sollte, wie es mir ginge, wenn mein Partner sich täglich nach meinem Gesundheitszustand erkundigen würde.

Wahrscheinlich würde mich dies sehr stören. Daher fragte ich sie nicht mehr so oft danach. Felina meinte außerdem dazu, dass ich mich auf das Positive konzentrieren sollte und anderen Menschen nicht ständig über ihre Krankheit berichten sollte, mit Worten wie: »Felina geht es im Moment ganz gut, aber …« Erst in diesem Augenblick bemerkte ich, dass ich den Fokus nur auf ihre Erkrankung gelegt hatte und nicht auf die Gesundheit. Ich denke, dass ist bei vielen Menschen ein Problem. Wir sehen häufig die Krankheit an sich, aber nicht die Fortschritte oder das Positive im Krankheitsverlauf.

Wo fängt die Übermittlung an, und was erzeugt mein Ego-Verstand?

Diese Frage kannst du dir irgendwann, wenn du an dich und an dein Können glaubst, selbst beantworten. Fragst du dich bei Tierkommunikation ständig: »Ist dies mein Gedanke oder der des Tieres?«, ist dein Ego aktiv. Egal wie oft dir jemand sagt, dass du Botschaften der Tiere empfängst, musst du letztlich selbst fühlen, dass es so ist. Dein Ego-Verstand lässt dich ständig an dir zweifeln und stellt alles, was du tust, infrage. Die Übermittlung fängt also genau dann an, wenn es sich für dich stimmig anfühlt und du nicht den geringsten Zweifel an den Antworten hegst.

Was kann ich tun, wenn ich etwas fühle, von dem man keine äußerlichen Anzeichen sieht, mit dem ich aber nicht umgehen kann?

Alles ist gut! Das Wichtigste ist erst einmal, dass du dir klar machst, dass du gegebenenfalls eine Blockade fühlst, die bisher nur auf energetischer Ebene vorhanden ist. Es steht im Moment also nur fest, dass die »Information« bereits wahrgenommen werden kann.
Sollte es dein eigenes Tier sein, gehe zum Tierarzt deines Vertrauens, und erkläre ihm deine Sorgen. Bitte ihn darum, die Bereiche, in denen du etwas erfühlt hast, besonders genau zu untersuchen, und dann warte ab.
Bei einem dir fremden Tier ermutigst du seine Besitzer, genau so zu handeln und ihr Tier untersuchen zu lassen. Wähle dafür aber die richtigen Worte, und dann gib die Verantwortung ab.

Wer heilt?

Diese Frage beschäftigt uns Menschen nicht bewusst. Durch meine vielen Tiergespräche habe ich allerdings herausgefunden, dass diese Frage eigentlich eine sehr bedeutende Frage für uns Menschen ist. Die Beschäftigung mit ihr trägt häufig dazu bei, eine andere Sichtweise zu bekommen.

Die Tiere erzählen mir oft, dass allein die Seele darüber entscheidet, ob Genesung stattfinden wird oder nicht – egal, was der Tierarzt, der Tierheilpraktiker oder der Tierbesitzer unternimmt. Die Seele allein entscheidet über den Ausgang. Ich finde dies irgendwie sehr beruhigend, denn das nimmt doch enormen Druck von uns.

Vielleicht sagt sich jetzt manch einer: »Dann brauche ich ja gar nichts mehr zu unternehmen, wenn ich darauf ohnehin keinen Einfluss habe.« Das sehe ich nicht so. Tierärzte, Tierheilpraktiker und auch der Tierbesitzer tragen natürlich dazu bei, mit den richtigen Medikamenten, Heilmitteln oder ihrer Zuneigung zu helfen. Trotzdem sind es nicht der Mensch oder die Medikamente, die die Heilung herbeiführen, sondern die Seele des Tieres entscheidet, ob das Tier bereit ist, diese Hilfe anzunehmen und wieder zu genesen.

Dies zeigt uns ganz deutlich, dass niemand von uns Krankheiten kontrollieren kann und dass der Kampf gegen sie nur dann gewonnen werden kann, wenn die Seele damit einverstanden ist. Für mich ist dies die Antwort auf die Frage, warum dem einen geholfen werden konnte und dem anderen nicht. Die Seele selbst hat entschieden!

Schlusswort

Mit Tieren zu sprechen und mich intensiv mit ihnen zu verbinden, empfinde ich jedes Mal als Geschenk. Ich konnte von ihnen schon so viel lernen, und manche meiner Ansichten veränderte sich durch ein Tiergespräch maßgeblich.
Es gibt auch unangenehme Situationen, vor allen Dingen dann, wenn ich etwas mitteilen muss, was die Menschen nicht hören möchten oder etwas, was nicht leicht zu handhaben ist, doch für mich ist die mentale Kommuni-

kation mit Tieren dennoch eine absolute Bereicherung. Ich hoffe sehr, dass es dir irgendwann einmal auch so gehen wird wie mir. Dies wünsche ich mir von Herzen, denn es wäre fatal, wenn nur einige wenige für sich erkennen würden, wie Tiere das Leben eines Menschen erfüllen können. Meine Hoffnung ist die, dass jeder Tierhalter beginnt, mit seinen Tieren zu kommunizieren, und erkennt, wie oft sie uns Menschen unterstützen und uns helfen. Niemand muss auf Unterstützung der unsichtbaren Helfer bauen, wenn doch die Engel schon hier auf der Erde wohnen und für uns sichtbar sind. Dein Tier kennt die Antworten auf all deine Fragen, und egal, worum es geht, es weiß eine Lösung.
Damit du den Botschaften, die du in der Tierkommunikation und im Körperfühlen empfängst, vertrauen kannst, ist nur dieses hier notwendig: Übe und lerne. Vertraue dir, und glaube an dich, dann bist du bestens gerüstet.
Solltest du, genauso wie ich, den Wunsch verspüren, für die Tiere zu sprechen, dich für sie einzusetzen und alles zu tun, damit sie als das gesehen werden, was sie sind – wunderbare Lebewesen mit einer Seele, mit Gefühlen, mit Ängsten und dem unendlichen Wunsch, Liebe zu uns Menschen zu bringen – dann halte daran fest! Gehe deinen Weg.

Übe, und mache alles, was notwendig dafür ist, dass du der Erfüllung deines Wunsches näherkommst. Du kannst alles erreichen, was du dir vornimmst, dann kann dir dasselbe passieren wir mir: Du wirst die Liebe der Tiere zu den Menschen bringen und ihre Herzen öffnen, dadurch wird dein Leben so unendlich viel schöner. Denn du wirst tun, was du liebst.

Das wünsche ich dir von Herzen.

Deine Beate Seebauer

Danksagung

In diesem Buch möchte ich vor allen Dingen den Menschen danken, die für Tiere ein offenes Ohr haben und die Bedürfnisse ihrer tierischen Freunde ernst nehmen.
Ich möchte euch dafür danken, dass ihr das Beste für eure Tiere wollt und bereit seid, ihnen mehr zuzugestehen, als nur ein untergeordnetes Rädchen in unserer Gesellschaft zu sein.
Ich danke all jenen, die sich für Tiere einsetzen und die dazu bereit sind, die Botschaften der Tiere in die Welt zu

tragen, ohne Angst, dass man sie als »Spinner« abtut. Ihr alle ermutigt mich und schenkt mir Kraft, meine Arbeit fortzusetzen und immer wieder einen Sinn in ihr zu erkennen.
Ich weiß, wir sind auf dem richtigen Weg, für all die wunderbaren tierischen Geschöpfe auf diesem Planeten eine Welt entstehen zu lassen, in der das Leid der Tiere endlich aufhört.
Der größte Wunsch meiner Hündin Felina kann wahr werden, also packen wir es an!

In tiefer Dankbarkeit und Liebe!

Deine Beate Seebauer

Über die Autorin

Beate Seebauer wurde 1971 in einer kleinen Stadt im tiefen Süden Deutschlands geboren. Ihr ganzes Leben schon begleiteten sie tierische Freunde.
Zunächst machte sie auf Wunsch ihres Elternhauses nach dem Schulabgang eine kaufmännische Ausbildung. Wirk-

lich erfüllend fand sie diese Tätigkeit jedoch nie. Daher begab sie sich schließlich auf die Suche nach ihrer Bestimmung beziehungsweise nach ihrer Lebensaufgabe.
Durch eine konkrete Fachausbildung Mensch und Tier helfen zu können, wünschte sie sich schon seit Längerem, und so begann sie im Jahr 2003 eine umfangreiche Ausbildung zur Heilpraktikerin. Als staatlich geprüfte und anerkannte Heilpraktikerin widmet sie sich seither der Hilfe und Unterstützung von Tier und Mensch durch homöopathische Naturheilkunde. Als Therapeutin ist sie sehr erfolgreich in der Anwendung bioenergetischer Harmonisierungen und radionischer Haaranalysen, mit denen sie die Gesundung unserer tierischen Schützlinge auf seelischer und auch auf körperlicher Ebene unterstützt.
In ihrer Tätigkeit als Tierkommunikatorin erspürt sie oftmals während eines Tiergespräches gesundheitliche Leiden und Gebrechen eines Tieres und erleichtert so die Diagnosestellung durch den Tierarzt, mit dem Ziel, dass es letztlich allen Beteiligten wieder gut geht – dem Menschen des Tieres ebenso wie dem Tier selbst, egal ob Hund, Katze, Pferd, Hase, Hamster oder auch Vogel.
Als Autorin ist es ihr ein Anliegen, die Botschaften der Tiere allen Menschen nahezubringen.

Von der Autorin erschienen ebenfalls im Schirner Verlag

Beate Seebauer

Sprich mit deinen Tieren

Einführung in die Tierkommunikation

978-3-8434-5051-5

96 Seiten

In einfachen Schritten und direkt anwendbar erklärt die erfahrene Tiertherapeutin Beate Seebauer die Grundlagen der Tierkommunikation, sodass jeder Tierfreund sofort mentalen Kontakt zu seinem Liebling herstellen kann und dadurch eine ganz neue Sichtweise auf das Leben und das Miteinander von Mensch und Tier auf dieser Erde erfährt.

Beate Seebauer und Safi

Tierische Herzenswünsche

Safi und ihre Freunde verbinden Mensch und Tier

978-3-8434-1046-5

184 Seiten

»Liebe, Respekt und Toleranz – das sind meine innigsten Wünsche für alles Leben auf der Erde.«

In warmen, eindringlichen Worten, die jedes Herz berühren, erzählt die Hündin Safi, wie Tiere das Zusammenleben mit den Menschen empfinden und wie sie sich ein glückliches Miteinander vorstellen. Sie gibt Antworten auf viele Fragen, die jedem Tierfreund Sorgen bereiten: Wie kann ich einem kranken Tier am besten helfen? Wohin geht die Seele, wenn das Tier verstorben ist? Wie finde ich mein verschwundenes Tier wieder?
Viele von Safis tierischen Freunden – sei es nun die Delfindame Laila oder das Pferd Icaré – melden sich ebenfalls zu Wort und sprechen für ihre Artgenossen, denn jede Tierart hat ihre ganz eigenen Botschaften, Wünsche und Bedürfnisse, die sie den Menschen mitteilen möchte.

Beate Seebauer

Mediationen zur Verbindung mit deinem Tier

978-3-8434-8208-0

CD, Gesamtspielzeit 53:22 Minuten

Vertiefe die Beziehung zu deinem Tier!

Eine beständige mentale Verbindung zu deinem Liebling ermöglicht es dir, besser auf seine Bedürfnisse und Wünsche einzugehen. Auf diese Weise kann eine ganz besonders innige Mensch-Tier-Freundschaft zwischen euch entstehen.

Die einfühlsamen Meditationen der erfahrenen Tierkommunikatorin unterstützen dich dabei, dich auf die mentalen Gespräche vorzubereiten und zu deinem tierischen Gefährten eine Herz-zu-Herz-Verbindung aufzubauen. Die liebevollen Worte Beate Seebauers werden von sanften Klavierklängen begleitet. Sie öffnen dir das Tor zu einer völlig neuen Welt. Dadurch werden dir eventuelle Zweifel genommen und du kannst dich ganz in dein Tier einfühlen.

Bildnachweis

Die Illustrationen im Buch stammen von
www.fotolia.com

Seiten 7, 11, 15, 23, 29, 34, 35, 45, 59, 67, 83, 85, 87, 89:
#29768873 © sabri deniz kizil

Seiten 44, 51: #34093681 © lapencia